AF819018

Lieferung 1 Preis 1 Mark

Gesamtpreis des Werkes gebunden 25 Mark

DIE ZEICHENKUNST

METHODISCHE DARSTELLUNG DES GESAMTEN ZEICHENWESENS

UNTER MITWIRKUNG VON

A. ANDĚL, LUDWIG HANS FISCHER, M. FÜRST, O. HUPP, A. KULL, KONRAD LANGE, A. MICHOLITSCH, ADOLF MÖLLER, PAUL NAUMANN, F. REISS, A. v. SAINT-GEORGE, KARL STATSMANN, R. TRUNK, J. VONDERLINN UND HERMANN WIRTH

HERAUSGEGEBEN VON

KARL KIMMICH

ZWEITE VERBESSERTE UND VERMEHRTE AUFLAGE

MIT 1157 ABBILDUNGEN IM TEXT UND 60 TAFELN IN FARBEN- UND LICHTDRUCK

23 LIEFERUNGEN à 1 MARK UND 2 EINBANDDECKEN à 1 MARK
KOMPLETT IN 2 ORIGINALLEINENBÄNDEN 25 MARK

LEIPZIG
G. J. GÖSCHEN'SCHE VERLAGSHANDLUNG

Einzelne Lieferungen werden nicht abgegeben
Die Abnahme von Lieferung 1 verpflichtet zum Bezug des ganzen Werkes

DIE ZEICHENKUNST

METHODISCHE DARSTELLUNG DES GESAMTEN ZEICHENWESENS

UNTER MITWIRKUNG
VON
A. ANDĚL, LUDWIG HANS FISCHER, M. FÜRST, O. HUPP, A. KULL, KONRAD LANGE, A. MICHOLITSCH, ADOLF MÖLLER, PAUL NAUMANN, F. REISS, A. v. SAINT-GEORGE, KARL STATSMANN, R. TRUNK, J. VONDERLINN UND HERMANN WIRTH

HERAUSGEGEBEN
VON
KARL KIMMICH

ZWEITE
VERBESSERTE UND VERMEHRTE AUFLAGE

MIT 1157 ABBILDUNGEN IM TEXT UND
60 TAFELN IN FARBEN- UND LICHTDRUCK

ERSTER BAND

LEIPZIG
G. J. GÖSCHEN'SCHE VERLAGSHANDLUNG
1908

Alle Rechte, insbesondere das Übersetzungsrecht, von der Verlagshandlung vorbehalten.

Druck der Spamerschen Buchdruckerei in Leipzig. — Farbendrucke von D. Walcher in Ulm. — Vierfarbendruck von F. Bruckmann, A.-G. in München. — Lichtdrucke von C. G. Röder in Leipzig und Sinsel & Co. in Ötzsch. — Papier von H. H. Ullstein in Leipzig.

Inhaltsverzeichnis.

			Seite
Vorwort		. . . .	V
Kapitel	I:	Zur Ästhetik des Zeichnens. Von Prof. Dr. Konrad Lange in Tübingen	1
„	II:	Das Zeichnen für Kinder. Von Albert Kull in Stuttgart	21
„	III:	Das erste Zeichnen nach Flachornamenten. Von Prof. Adalbert Micholitsch in Krems a. D.	35
„	IV:	Das Linearzeichnen. Von Prof. Karl Kimmich in Ulm a. D. . . .	79
„	V:	Das erste Zeichnen nach der Natur. Von Hermann Wirth in Königsberg i. Pr.	93
„	VI:	Das Projektionszeichnen. Von Direktor Prof. Jakob Vonderlinn in Münster i. W.	119
„	VII:	Das perspektivische Zeichnen. Von Rudolf Trunk in Straßburg i. E.	191
„	VIII:	Das architektonische Zeichnen. Von Prof. Karl Statsmann in Straßburg i. E.	237
„	IX:	Das Skizzieren von Pflanzen. Von Prof. Paul Naumann in Dresden .	285
„	X:	Das Pflanzenzeichnen. Von Prof. Paul Naumann in Dresden. . .	293
„	XI:	Das Stilisieren von Pflanzen. Von Prof. Paul Naumann in Dresden .	303

Vorwort zur ersten Auflage.

Als 1893 meine „Zeichenschule" in der bekannten „Sammlung Göschen" erschien, ahnte ich nicht, daß derselben eine so freundliche Aufnahme seitens der Lehrer sowohl wie der Schüler zuteil werden würde: in wenigen Jahren fand das Bändchen eine unerwartet große Verbreitung und mußte wiederholt aufgelegt werden. Das vorliegende Werk — „Die Zeichenkunst" betitelt — soll das in der „Zeichenschule", dem Leitfaden, Angedeutete in Muster und Vorschrift zum vollständigen Lehrbuche erweitern und somit das in der elementaren Vorschule Begonnene zum Abschluß bringen. Das Werk soll die gesamte Methodik des Zeichenunterrichts und die Anfangsgründe der Malschule darbieten, in streng rationellem Aufbau auf dem Grunde künstlerischer Lehre, Anschauung und Erfahrung, und damit Lehrenden und Lernenden einen zuverlässigen Ratgeber und Wegweiser an die Hand geben.

Jeder meiner hochgeschätzten Herren Mitarbeiter wählte sich einen ihm besonders zusagenden Abschnitt des zum voraus festgestellten Lehrplanes zu selbständiger Bearbeitung in Text und Illustration. Dem Herausgeber war es vorbehalten, das Zusammenarbeiten dem vorgezeichneten Plane gemäß zu lenken, ihm den Charakter der Einheitlichkeit zu wahren und sorgsam über der Harmonie der Teile und dem lückenlosen Aufbau des Ganzen zu wachen.

Ein Lernbegieriger allein wird allerdings, selbst mit Hilfe der trefflichsten Zeichenmethodik, das Zeichnen und Malen schwerlich erlernen, eine Kunst, die doch nur in der Praxis ihre letzte Erklärung findet und nur bei selbsttätiger Arbeit ganz verstanden werden kann. Wohl aber dürfte das vorliegende Werk dem Strebsamen und Fleißigen als ein willkommener Erklärer und Berater zur Seite stehen. So ist „Die Zeichenkunst" entstanden; möge sie nun hinausgehen in Schule und Haus, in Arbeitszimmer und Atelier, möge sie anregend und befruchtend wirken und vielen ein lieber Haus- und Studiengenosse werden!

ULM a. D., im Oktober 1899. Karl Kimmich.

Vorwort zur zweiten Auflage.

Die Bearbeitung dieser neuen Auflage hat wesentliche Änderungen nach sich gezogen. Kapitel VIII ist ganz neu, Kapitel I, V, VI, IX, X, XII, XIII und XIX teils ganz umgearbeitet, teils ergänzt und erweitert.

ULM a. D., im Juni 1908. K. K.

I

Zur Ästhetik des Zeichnens

Von

Konrad Lange

Jede Kunst ist Abstraktion von der Natur, mag sie nun deren Formen und Farben nachahmen (Malerei und Plastik), mag sie den Menschen selbst handelnd und redend einführen (Schauspielkunst), mag sie den Ausdruck von Kraft und Bewegung im allgemeinen aus der Natur herausholen (Architektur und dekorative Kunst) oder mag sie den Gefühlsausdruck des Menschen in Bewegungen, Worten und Tönen reproduzieren (Tanz, Poesie und Musik). Das Prinzip der Naturnachahmung, das der antiken und Renaissanceästhetik zugrunde lag, erschöpft das Wesen der Kunst nicht und enthält nur die eine Hälfte der Wahrheit[1]). Die andere wird bestimmt durch die künstlerische Technik, die äußeren Bedingungen der Darstellung. Architektur, Tanz und Musik sind keine Nachahmungen der Natur, man kann sie nur verstehen, wenn man die andere Seite der Kunst, die technisch-formale, neben der Darstellung des Lebens besonders hervorhebt.

Selbst bei den eigentlich nachahmenden Künsten, wie Malerei und Plastik, handelt es sich niemals um eine täuschende Nachahmung der Natur. Die Kunst soll sich vielmehr offen als Kunst geben, der ästhetische Schein soll, wie Schiller sagt, ein aufrichtiger Schein sein. Daraus ergibt sich, daß das Kunstwerk bei aller Naturwahrheit doch in einer gewissen Entfernung von der Natur gehalten werden muß. Man nennt das gewöhnlich Idealisieren. Dieses Wort ist indessen mißverständlich. Es erweckt nämlich den Anschein, als wäre die Natur minderwertig oder häßlich und müsse durch die Kunst emporgehoben, verschönert werden. Das ist durchaus nicht der Fall. Die Kunst steht vielmehr neben der Natur. Sie ist etwas für sich, was überhaupt nicht mit der Natur zusammengeworfen werden kann. Sie hat einen anderen Zweck und folgt deshalb auch anderen Gesetzen.

---

[1]) In der ersten Auflage lautete die Überschrift des von mir verfaßten Kapitels: „Das Verhältnis der Kunst zur Natur." Ich habe sie geändert, weil der Inhalt meines Beitrags ein anderer geworden ist. Die ausführliche Darstellung der ästhetischen Illusionstheorie, die ich damals geben zu müssen glaubte, ist jetzt nach dem Erscheinen meines Buches „Das Wesen der Kunst" (G. Grotesche Verlagsbuchhandlung, Berlin 1901, 2. Aufl. in einem Bande 1907) nicht mehr notwendig. Ich habe das Thema deshalb in einer Weise behandelt, die mehr dem praktischen Zweck einer Zeichenschule entspricht.

Diese Gesetze sind diktiert durch das Material und die Technik. Mit seinen besonderen Mitteln schafft sich der Künstler eine eigene Welt, allerdings nach Analogie der Natur. Denn die einzige Welt, die er sinnlich wahrnehmen kann, ist eben die Natur. Aus dieser doppelten Beziehung, einerseits zur Natur, andererseits zum Material und der Technik, entsteht die künstlerische Form. Ihre Schönheit ist weder bestimmt durch die Naturschönheit dessen, was sie darstellt, noch durch den Grad der Naturannäherung, den sie erreicht, noch auch durch die Beziehung, in der sie zu den Bedingungen der Materie steht. Sie hängt vielmehr lediglich ab von dem richtigen Ausgleich zwischen Naturwahrheit und Rücksicht auf Material und Technik.

Daß die Künste, auch die nachahmenden, nicht wirklich täuschen, beruht darauf, daß jede Kunst illusionerregende und illusionstörende Elemente hat. Unter illusionerregenden verstehen wir alle diejenigen, die auf eine Annäherung an die Natur oder eine Erinnerung an organisches Leben hinauslaufen. In der Malerei gehört dazu die objektive Richtigkeit der anatomischen, botanischen usw. Formen, die exakte perspektivische Konstruktion, das Helldunkel als Mittel der Modellierung und Raumvertiefung, die Stoffimitation, die Auswahl der charakteristischen Bewegungen usw. Alle diese Mittel, die darauf ausgehen, den stofflichen, plastischen, räumlichen und Bewegungseindruck der Dinge wiederzugeben, treten in den Dienst der Illusion, einmal der Stoffillusion, dann der plastischen und Raumillusion, endlich der Bewegungsillusion.

Diesen illusionerregenden Elementen stehen nun aber die illusionstörenden gegenüber. In der Malerei gehört dazu schon der Rahmen oder die rechteckige Umgrenzung der Mal- und Zeichenfläche. Durch sie wird das Bild von der Umgebung abgehoben, als etwas für sich Bestehendes charakterisiert. Es kommt dazu die Flächenhaftigkeit des Malgrundes, die den Beschauer verhindert, um die Formen herumzusehen, die im Raume gedachten Gegenstände als wirklich vor- und hintereinander wahrzunehmen. Ferner die Textur der Leinwand, das Korn des Papiers, der Firnis der Ölmalerei, durch deren Wahrnehmung das Bewußtsein der Flächenhaftigkeit dauernd aufrechterhalten wird. Sodann die Bewegungslosigkeit der gemalten Gegenstände in allen den Fällen, wo es sich um die Darstellung von Bewegungen handelt. Endlich die Farblosigkeit in den Griffelkünsten, Stift- und Federzeichnung, Kupferstich, Holzschnitt und Radierung, die alle schwarz auf weißem Grunde arbeiten.

Diese illusionstörenden Elemente sucht nun zwar der Künstler, der nach Naturwahrheit strebt, durch die illusionerregenden zu überwinden. Sò wird z. B. die Flächenhaftigkeit durch die Perspektive und das Helldunkel, die Bewegungslosigkeit durch die Wahl des ausdrucksvollsten Momentes der Bewegung, die Farblosigkeit der Zeichnung durch die malerische Behandlung der Schwarzweißtechnik überwunden. Aber die Kunst geht dabei doch nie so weit, daß die illusionstörenden Elemente völlig aufgehoben würden. Fälle, in denen das dennoch geschieht oder wenigstens versucht wird, wie das Panorama und der Kinematograph, liegen außerhalb des Gebietes der eigentlichen Kunst.

Daraus schließen wir eben, daß das Geheimnis der künstlerischen Wirkung auf einer Ausgleichung der illusionerregenden und illusionstörenden Elemente beruht. Die illusionstörenden Elemente (zu denen wir z. B. auch in der Poesie den Reim, das Metrum, die bildliche Rede, in der Musik den Rhythmus, die Melodie und die Harmonie rechnen) werden nicht nur mit in Kauf genommen, sondern vielfach ganz besonders ausgebildet. Das geschieht, indem man ihnen einen selbständigen Reiz, einen besonderen sinnlichen Wert verleiht. Indem diese Formen, die ja keine Naturformen sind, durch sorgfältige Ausbildung in ihrer Wirkung gesteigert werden, drängen sie sich dem Bewußtsein stärker auf und verhindern ein völliges Zustandekommen der Illusion, d. h. eine wirkliche Täuschung.

Hiermit sind der ästhetischen Anschauung bestimmte Wege gewiesen. Es kommt nicht darauf an, daß wir im Kunstwerk die Natur sehen, sondern daß wir das Kunstwerk als ein unter bestimmten technischen Bedingungen stehendes Symbol der Natur auffassen. Bei jedem ästhetischen Genuß erleben wir zwei Vorstellungsreihen, von denen sich die eine auf die Natur, die andere auf die von der Persönlichkeit des Künstlers geschaffenen technischen Ausdrucksmittel bezieht. Das Verhältnis dieser beiden Vorstellungsreihen zueinander bedingt den ästhetischen Genuß[1]).

Natürlich wechselt dieses Verhältnis im Laufe der Zeit. In realistischen Perioden überwiegt die Vorstellungsreihe Natur, in idealistischen die Vorstellungsreihe Technik oder Form. Aber vorhanden sein müssen

---

[1]) Das ist der Kern der Illusionstheorie, wie ich sie in meinem „Wesen der Kunst" begründet habe. Es hat den Anschein, daß die Illusionsästhetik sich neuerdings mehr und mehr durchsetzt. Die Gegner, die sie noch immer findet, gehen von dem landläufigen Begriff Illusion aus, den zu überwinden ja gerade der Zweck meiner Ästhetik ist.

immer beide. Wo die eine von ihnen unverhältnismäßig geschwächt wird — wie bei der Photographie —, kann kein höherer Kunstgenuß zustande kommen. Wir verlangen von jedem Kunstwerk, daß es uns einerseits zur Natur hinführt, andererseits wieder — durch die Betonung der formalen Darstellungsmittel — davon fernhält. Nur dadurch erhalten wir das Gefühl, daß wir einem Werke von Menschenhand gegenüberstehen. Nur dadurch werden wir in jenen freien schwebenden Zustand, jene Loslösung von praktischen Interessen versetzt, in der man von jeher das Wesen des ästhetischen Genusses erkannt hat.

Welchen Nutzen kann die Zeichenkunst aus dieser Erkenntnis ziehen? Zunächst ist daraus die wichtige technische Regel abzuleiten, daß jede Zeichnung die Art ihrer technischen Herstellung deutlich erkennen lassen soll. Es kommt nicht, wie viele Dilettanten glauben, darauf an, daß die Technik möglichst verwischt und der Natur möglichst angenähert wird, derart, daß kein Rest zwischen beiden bleibt, sondern die Aufgabe ist vielmehr die, ein einheitliches technisches System auszubilden, das sich zwar einerseits als Darstellung der Natur, andererseits aber doch als etwas Selbständiges neben der Natur gibt.

Ein elementares Beispiel dafür ist die Herstellung der Schatten in der Feder- oder Bleistiftzeichnung durch Schraffierung. Dabei werden die Schatten bekanntlich durch ein System paralleler und sich kreuzender Linien dargestellt. Holzschnitt und Kupferstich zeigen in ihren älteren Techniken dieses System in der konsequentesten Ausbildung. Da diese Linien in Wirklichkeit nicht existieren, handelt es sich bei ihnen um eine weitgehende Abstraktion von der Natur. Die parallelen Linien wirken nur dann im Sinne des Helldunkels, wenn man sie nicht einzeln wahrnimmt, sondern durch entferntes Anschauen oder Zukneifen der Augen zu einem einheitlichen Schattenton zusammengehen läßt. Das ist aber immer erst ein zweites Stadium der Anschauung. Das erste besteht darin, daß man die parallelen Linien als Linien wahrnimmt. Solange das der Fall ist, wirken sie illusionstörend. Erst wenn sie zu einem Ton zusammengehalten werden, wirken sie im Sinne des Helldunkels, d. h. der plastischen Illusion. Man kann den Wechsel der Vorstellungen, den ich für die ästhetische Anschauung statuiere, nicht besser als durch dieses Beispiel veranschaulichen.

An der Schraffierung kann man sich auch klarmachen, daß die illusionerregenden und illusionstörenden Elemente nicht immer verschiedene unabhängig nebeneinanderstehende Erscheinungen sein müssen, sondern daß sie zuweilen eng miteinander zusammenhängen können. Dieselben Linien, die, isoliert aufgefaßt, illusionstörend sind, wirken im ganzen, d. h. als Schattentöne aufgefaßt, illusionerregend. Um das zu können, müssen sie sich in ihrem Duktus der Form anpassen. Die nächstliegende Art, wie das geschehen kann, ist, daß sie in ihrer Biegung die Form mitmachen. In Zeiten einer vorwiegend plastischen Auffassung der Formen, besonders der menschlichen Körperformen, haben sie das auch immer getan. Dürers Holzschnitte und Kupferstiche, vor allen Dingen aber seine Federzeichnungen und die mit dem spitzen Pinsel gezeichneten Studienblätter zum Hellerschen Altarbild sind klassische Beispiele dafür. Besonders die letzteren sind bezeichnend für den ästhetischen Wert der Schraffierung als solcher. Denn das Instrument — der Pinsel — hätte mehr zu einer lavierenden Darstellung hingedrängt. Indem Dürer den spitzen Pinsel nach dem Vorbild der Rohrfeder benutzte, zeigte er, daß ihm, dem Meister der graphischen Techniken, die Schraffierung als solche ästhetisch sehr wichtig war. Er wollte, daß der Beschauer in diesen Zeichnungen nicht nur die Natur, sondern daneben auch die Schraffierung als solche, mit dem kühnen Schwung ihrer Linien, ihrem knorrigen herben Wesen sähe. In der Tat besteht unser ästhetischer Genuß bei der Anschauung einer solchen Zeichnung darin, daß wir uns bewußt werden, wie es der Künstler verstanden hat, mit dieser ganz materialgemäßen Technik die Natur in so überzeugender Weise darzustellen.

In Zeiten malerischer Naturauffassung verlieren diese Schraffierungslinien ihren kalligraphischen Charakter. Aus den regelmäßigen mit der Rohrfeder oder der Pinselspitze gezeichneten Parallelschraffierungen werden unregelmäßige mit der spitzen Feder oder der Radiernadel gezeichnete Striche, die weniger für sich allein als in ihrer Zusammensetzung zu Schattentönen existieren und wirken. Beispiele dafür sind Rembrandts Radierungen und Menzels Holzschnitte. Aber wenn auch die einzelnen Linien bei ihnen nicht dieselbe Rolle spielen wie bei Dürer, so beruht doch die ästhetische Bedeutung auch dieser Blätter auf dem Zusammenwirken einer höchst geistreichen Technik mit einer durchaus überzeugenden Naturdarstellung.

Ein weiterer Schritt zur tonigen Behandlung ist das Zeichnen mit dem breiten Stift, der Kreide, dem Rötel, der Kohle und dem Wischer. Dabei wird der Stift möglichst schräg, beinahe horizontal gehalten, so daß breite, fast tonige Schattenflächen entstehen. Es ist nun ein großer Fehler, hierbei die einzelnen Striche im Ton verschwinden lassen zu wollen.

Im Gegenteil, das Geheimnis dieser Technik besteht gerade darin, daß der Strich als Individuum erhalten bleibt. Natürlich genügt es dabei nicht, die Striche in beliebiger Form nebeneinander zu setzen. Sie müssen vielmehr gerade an der Stelle sitzen und die Gestalt und Stärke haben, durch welche die von ihnen dargestellte Form am besten ausgedrückt wird. Erst dadurch gewinnt der Strich seine Doppelfunktion als illusionstörendes und illusionerregendes Element. Erst dadurch wird auch die erwähnte ästhetisch so wichtige Zweiheit der Vorstellungen garantiert. Da es besonders auf die Erhaltung der persönlichen Handschrift ankommt, wird der Wischer von wirklichen Künstlern niemals allein, sondern immer in Verbindung mit dem Stift verwendet. Eine Zeichnung, die nur mit dem Wischer ausgeführt wäre, würde weichlich und flau wirken. Denn sie kann einerseits der Natur an Stärke der plastischen Wirkung nicht annähernd gleichkommen, andererseits doch auch nicht das Gefühl einer persönlichen Technik hinterlassen, durch die sie als Kunstwerk charakterisiert würde.

Auch beim Malen muß die Technik möglichst deutlich hervortreten. Das weiche Vertreiben der Farben, die Herstellung einer glatten emailartigen Oberfläche ist eine Verleugnung der Technik, die in den Anfängen der Ölmalerei, unter dem Einfluß einer überwiegend realistischen Tendenz (v. Eyck, Holbein usw.) historisch berechtigt war, aber schon von der Malerei des 17. Jahrhunderts überwunden wurde. Das Wesentliche der älteren Technik ist, daß die Modellierung der Formen nur durch die Unterschiede von Licht und Schatten und die mannigfachen Übergänge zwischen beiden hergestellt wurde, das Wesentliche der neueren, daß mit dem Pinsel gezeichnet wird, indem die Pinselstriche unvertrieben stehen bleiben und so in dieser Gestalt die Form herausmodellieren.

Hierdurch erhält das Bild einen skizzenhaften Charakter, und viele betrachten diese skizzenhafte Ausführung als das eigentliche Kennzeichen der modernen Malerei, indem sie darin entweder einen Vorzug oder einen Mangel, d. h. einen Abfall von der soliden, tüchtigen, echt deutschen Technik der alten Meister erkennen. Um die Vorliebe für die Skizze zu verstehen, muß man sich klarmachen, daß sie eine größere Illusionskraft hat als das ausgeführte Bild. Denn unter Illusion verstehen wir ja nicht das Bewußtsein, etwas zu sehen, was völlig mit der Natur übereinstimmt, sondern vielmehr eine Phantasietätigkeit, vermöge deren man sich etwas Unvollkommenes, nicht völlig Zureichendes zu etwas Vollkommenem, absolut Zureichendem umdeutet. Zur Erzeugung dieser Phantasietätigkeit gehört lediglich ein Gegenstand, der suggestiv wirkt. Ein Kind sieht in einer Fußbank einen Hund. Sollte der Erwachsene nicht imstande sein, in einer flüchtigen, aber naturwahren Skizze die Natur zu sehen? Das Ausschlaggebende für den Kunstwert einer Zeichnung oder Malerei ist nicht der Grad ihrer Vollendung, sondern ihre Anregungskraft im Sinne der Illusion. Ein Künstler soll sich hüten, alles sagen zu wollen. Sind doch auch diejenigen Schriftsteller die besten, die dem Leser möglichst viel zu denken übriglassen.

Daraus erklärt sich und damit rechtfertigt sich der Impressionismus. Sein Name ist nicht sehr glücklich gewählt. Denn ein „Eindruck" liegt immer zugrunde, wenn die Malerei einen Gegenstand der Natur wiedergibt. Können wir doch über die Dinge, die wir sehen, nur nach dem Eindruck, den wir von ihnen gewinnen, urteilen. Auch das Flüchtige der Erscheinung ist nicht das Ausschlaggebende. Denn der Impressionismus beschränkt sich durchaus nicht auf die Darstellung flüchtiger Erscheinungen, bewegter Körper usw. Das Entscheidende ist vielmehr, daß die flüchtige Skizze bevorzugt wird, die eine ungleich stärkere Illusionskraft hat als das ausgeführte Bild. Man sollte deshalb nicht Impressionismus, sondern Illusionismus sagen.

Bei der skizzenhaften Ausführung hat der Künstler die beste Gelegenheit, die Natur seines Materials zur Geltung zu bringen. Das Aquarell, die Arbeit mit transparenten Wasserfarben, weist auf eine tropfenartige Behandlung hin, bei der der Grund, das rauhe Papier als lichtspendender Faktor mitwirkt. Ein Vertreiben der Farben in der Art, daß man die einzelnen Pinselstriche nicht mehr sieht, ein Strapazieren des Papiers durch fortwährende Korrekturen, Abwaschen, wieder Übermalen, Austupfen, Auskratzen der Lichter usw. ist also schon deshalb verwerflich, abgesehen davon, daß die Leuchtkraft der Farben dadurch zerstört wird. Es ist ein ganz falscher Ehrgeiz vieler Dilettanten, die Farbe möglichst gleichmäßig auf der Malfläche zu verteilen. Die Technik weist im Gegenteil darauf hin, daß der farbige Tropfen, der aus dem Pinsel kommt, möglichst als solcher erhalten bleibt. Das wird erreicht durch ein leichtes Neigen der Malfläche, wobei sich die Farbe nahe der unteren Grenze des Tropfens ansammelt und der Farbenfleck infolgedessen an dieser Stelle etwas dunkler wird. Gerade das ist eine besondere Schönheit des Aquarells, und man kann sagen, daß ein Aquarell technisch um so schöner ist, je mehr man aus der Art seines Farbenauftrags erkennt, daß es ganz aus farbigen Wassertropfen besteht. Ein besonders charakteristisches Beispiel dafür ist die Technik des Schotten Melville, der diesen tropfenartigen Auftrag mit einer an Manie grenzenden Konsequenz handhabt. Natürlich hat auch eine solche Forcierung der Technik ihre Grenzen. Drängt sich die Mache so stark vor, daß man nicht mehr sieht, was mit ihr gemeint ist, d. h. daß man nicht mehr die Illusion der Natur erhält, so hört der Genuß auf, die Kunst ist zur Routine geworden.

Auch in der Ölmalerei wird die Farbe fleckenartig aufgetragen. Nur ist die Art des Auftrags infolge des zähen Bindemittels anderer Art. Das mosaikartige Nebeneinandersetzen der Pigmente hat nicht nur den Zweck, der Farbe eine größere Leuchtkraft zu geben, sondern auch die Fläche als solche zu betonen, d. h. das Bild von der Natur fernzuhalten. Auf der anderen Seite strebt gerade der Impressionismus nach der größten Naturwahrheit. Es scheint fast, als ob er eben deshalb das Bedürfnis empfände, durch den fleckigen Farbenauftrag das Kunstwerk wieder von der Natur zu entfernen, das illusionstörende Element der Flächenhaftigkeit zu verstärken. Es ist deshalb nicht richtig, dem Impressionismus eine übertriebene Naturwahrheit vorzuwerfen. Gerade er ist davon weit entfernt, wie ja auch seine Weiterentwicklung durch den Neuimpressionismus zeigt. Wenn man die Reihenfolge der technischen Prozeduren von ca. 1500 bis zur Gegenwart aufstellt, so sieht man deutlich die Richtung, in der sich die Entwicklung bewegt: von dem glatt vertriebenen Auftrag gleichartiger Farben im 16. Jahrhundert zu dem breiten, aber noch streng zeichnerischen Auftrag einander nahestehender Farbenflecke, wie ihn im 17. Jahrhundert etwa Velazquez, Rembrandt und Hals handhaben, dann zum einfachen Nebeneinandersetzen komplementärer Farbenflecken im Neuimpressionismus, was der Malerei den Charakter von Straminstickerei gibt. Das ist eine ganz logische Weiterentwicklung. Der Impressionismus Manets steht etwa in der Mitte derselben. Jedenfalls stellt die jüngste Entwicklungsphase die stärkste Betonung der Fläche dar, die man sich in der Ölmalerei überhaupt denken kann, entsprechend den stark dekorativen Tendenzen, die neuerdings auch in der Malerei mehr und mehr überhandnehmen. Diese Entwicklung wäre ganz unmöglich gewesen, wenn nicht die Flächenhaftigkeit an sich ein illusionstörendes Element in der Malerei wäre, das als solches seine volle Berechtigung hätte. Der Impressionismus und besonders der Neuimpressionismus ist in technischer Beziehung eine Reaktion gegen die starke Raumillusion der Renaissance. Deshalb verschmäht er auch die Lasuren, die ja den Zweck haben, das Räumliche der Bildidee durch ein Herausleuchten der Farben aus der Tiefe zu steigern. Ob das berechtigt ist oder nicht, geht uns hier nichts an. Wir haben nur zu fragen, wie es sich erklärt, was es für einen Zweck hat. Und da können wir nur sagen, daß ein derart illusionstörendes Element zwar nicht gerade notwendig ist, weil der Rahmen und die Flächenhaftigkeit eine Verwechslung des Bildes mit der Natur schon genügend verhindern, daß aber prinzipiell auch nichts entgegensteht, durch diese fleckenartige Behandlung die Fläche noch besonders zu betonen. Man bleibt damit innerhalb der durch die Technik der Ölmalerei gezogenen Grenzen und tut prinzipiell nichts anderes, als was die alten Zeichner taten, wenn sie die Schatten in Gestalt von Linienschraffierungen wiedergaben.

Zweifelhaft kann man nur darüber sein, ob der völlige Verzicht auf die zeichnende Funktion der Farbflecke, wie sie beim Neuimpressionismus vorliegt, ästhetisch berechtigt ist. Bei Fr. Hals, Rembrandt, Menzel und auch noch Manet sitzt jeder Farbfleck an seiner richtigen Stelle, d. h. so, daß er zur Modellierung sein Teil beiträgt. Bei den Neuimpressionisten gehen die Flecken zuweilen unterschiedslos über die Formen herüber, dienen also nicht gerade zur Steigerung der plastischen Illusion.

Wenn die Technik bei der Anschauung stark zum Bewußtsein kommen soll, muß sie ferner einen e i n h e i t l i c h e n C h a r a k t e r haben. Das heißt das Gemälde oder die Zeichnung muß in einer einheitlichen Technik ausgeführt sein. Das ist ein zweiter Fehler, den Dilettanten leicht machen, daß sie ein Bild technisch auseinanderfallen lassen, indem sie seine verschiedenen Teile technisch verschieden ausführen. Natürlich muß man Felsen anders charakterisieren als Bäume, Wasser anders als Wolken. Aber diese Unterschiede dürfen nicht so groß sein, daß die Einheitlichkeit der Technik darunter leidet. Der Beschauer muß vielmehr immer das Gefühl haben, daß die Stoffcharakteristik durch ein e i n h e i t l i c h e s S y s t e m d e r T e c h n i k zusammengehalten wird. Deshalb gelingen rasch und auf einen Sitz im Freien gemachte Skizzen, wenn sie nur mit voller Konzentration ausgeführt werden, in der Regel besser, als sorgfältig zu Hause ausgeführte Zeichnungen.

Um dem Schüler das Wesen einer einheitlichen Technik klarzumachen, sind die Z e i c h n u n g e n b e d e u t e n d e r K ü n s t l e r im Unterricht nicht zu entbehren. Am besten ist es, wenn der Zeichenlehrer selbst so weit Künstler ist, daß er zeigen kann, worauf es dabei ankommt. Ist er dazu nicht imstande, so sollten wenigstens immer Reproduktionen von Zeichnungen Dürers, Rembrandts, Menzels, Feuerbachs usw. zur Hand sein, um individuelle Techniken zu demonstrieren. Ein gedankenloses Nachzeichnen muß natürlich verhindert werden. Es gilt nur die Richtung anzudeuten, in der sich auch der Schüler eine individuelle Technik erwerben kann.

Nicht nur in technischer Beziehung ist die Kunst Abstraktion von der Natur. Sie ist es auch insofern, als bei ihr die Auswahl eine große Rolle spielt. Nicht in dem Sinne, daß sie „das Schöne" aus der Natur auszuwählen und nachzuahmen hätte, wie man es wohl früher formuliert hat; sondern vielmehr in dem, daß sie nur diejenigen Naturerscheinungen darstellen darf, die sich mit den ihr zur Verfügung stehenden Mitteln wirksam darstellen lassen.

Alle Malerei ist flächenhaft. Die Natur, die von ihr dargestellt wird, ist dagegen plastisch und von räumlicher Vertiefung. Wenn man z. B. ein Interieur auf der Fläche darstellt, muß man den in die Tiefe gehenden Raum in die Fläche übersetzen. Man tut das, wie gesagt, mit Hilfe der Perspektive und des Helldunkels. Es ist aber ein Irrtum zu glauben, daß mit Hilfe dieser beiden Mittel alle Gegenstände und alle Kombinationen von Gegenständen in der Malerei dargestellt werden könnten. Vielmehr liegt es im Interesse der letzteren, nur solche Motive aus der Natur auszuwählen, die auf die Fläche übertragen die Illusion der Rundung und Vertiefung in besonderem Maße erzeugen würden.

Als elementares Beispiel dafür nenne ich die Zeichnung eines Würfels. Ein solcher kann theoretisch von allen Seiten, d. h. von zahllosen verschiedenen Punkten aus gezeichnet werden. Dennoch sind diese Ansichten in malerischer Beziehung nicht alle gleichwertig. Dreht man nur eine seiner Flächen dem Auge des Beschauers zu, so ist diese Ansicht ganz unmalerisch. Denn beim Anblick der einen quadratischen Seite würde kein Mensch den Würfel als Würfel erkennen. Dreht man ihn so, daß zwei seiner Seiten sichtbar sind, so wird die Form des Körpers schon deutlicher, zumal wenn die beiden Flächen — wie das ja fast immer der Fall ist — verschieden stark beleuchtet sind. Die stärkste Illusion aber wird erzeugt, wenn gleichzeitig drei Seiten des Würfels sichtbar werden, und zwar alle drei in verschieden starker Verkürzung und verschiedener Beleuchtung. Das Auge wird dann von der dem Beschauer am meisten zugedrehten Kante aus durch das Konvergieren der schräg gerichteten Kanten in die Tiefe gezogen.

Wir können daraus ein allgemeines Gesetz ableiten: Ein von ebenen Flächen eingeschlossener Körper kann mit um so größerer Illusion auf der Fläche dargestellt werden, je größer die Zahl seiner sichtbaren Umgrenzungsflächen ist; wozu gleich das zweite Gesetz hinzukommt, daß die plastische Illusion um so größer ist, je verschiedener die Lichter und Schatten auf den verschiedenen Flächen sind.

Bei runden oder unregelmäßigen Körpern, die keine konvergierenden Kanten aufweisen, muß der Zeichner wenigstens die ausdrucksvollste Silhouette wählen, wenn er die Illusion der Wirklichkeit erzeugen will. So wird z. B. niemand ein Ei von oben oder unten zeichnen. Denn eine solche Ansicht würde den Beschauer über dessen plastische Form ganz im unklaren lassen. Ein solches Bild könnte ebensogut eine Kugel wie ein Ei darstellen. Erst die Profilansicht, in der man die verschiedene Wölbung der beiden Enden des Gegenstandes erkennt, gibt erschöpfende Auskunft über seine Form.

Eine solche bevorzugte Ansicht hat nun jeder Gegenstand, den wir zu zeichnen in die Lage kommen. Es gehört zur künstlerischen Kultur, daß man diese Ansichten kennt. Nicht als ob die Malerei nur sie darstellen dürfte. Aber es wird ihr eigener Vorteil sein, wenn sie es tut, und ihre Tendenz wird deshalb ganz von selbst in dieser Richtung gehen. Daraus ergibt sich für die Zeichenpädagogik ein doppeltes: Erstens, der Schüler darf nie nach Vorlagen zeichnen, da ihm dadurch die lehrreiche Wahl der günstigsten Ansicht abgenommen wird. Zweitens, er muß sich die plastischen Modelle, nach denen er zeichnet, selbst stellen, d. h. durch eigenes Nachdenken und Probieren die ausdrucksvollste Ansicht zu finden suchen. Mit der Wahl der Ansicht und Beleuchtung ist tatsächlich die größere Hälfte der Arbeit getan. Der Lehrer sollte daher regelmäßige Übungen im Stellen der Modelle, mit geometrischen Körpern, Blättern, ausgestopften Vögeln usw. abhalten, statt, wie häufig, einige wenige dieser Ansichten mit großem Zeitaufwand ausführen zu lassen.

Handelt es sich also schon hierbei um eine Auswahl aus der Natur, so kann man von einer solchen auch in den Fällen reden, wo mehrere Gegenstände in der Natur zusammen ein Ganzes bilden. Wer einmal selbst nach der Natur skizziert hat, der weiß, daß man dabei keineswegs jedes Motiv gleich gut brauchen kann. Eine weißgetünchte Mauer, auf die der Blick des Beschauers senkrecht fällt, ein dichtes Gebüsch, in das kein Sonnenstrahl dringt, eine endlos sich erstreckende horizontale Wiese ohne jede Terrainbewegung, das sind Motive, die malerisch nicht dargestellt werden können. Sobald man sich aber die Mauer in schräger Richtung in das Bild hineingehend oder mit ein paar Bäumen zusammen gruppiert denkt, sobald die Sonne durch das Gebüsch bricht und helle und dunkle Blattgruppen voneinander scheidet, sobald die Wiese zu einem hügeligen, grasbewachsenen Gelände wird, durch das ein geschlängelter Weg führt, der sich im Hintergrunde verliert, werden die Motive mit einem Schlage malerisch.

Allgemein gesprochen heißt das: Alle Motive der Natur sind malerisch, die durch die Tiefenrichtung ihrer Flächen und Linien oder durch den Wechsel von Farben resp. Licht und Schatten die Möglichkeit bieten, mit einem Flächenbilde die Illusion der Raumtiefe zu erzeugen. Diese Motive muß der Schüler in der Natur selbständig zu finden lernen. Es ist der gewöhnliche Fehler aller Dilettanten, daß sie, in der Meinung, die Kunst könne alles darstellen, zuerst undankbare Motive wählen. Sie wundern sich dann sehr, daß ein solches Motiv trotz aller Naturwahrheit doch im Bilde nicht wirken will, während der Grund einfach der ist, daß ihm die Elemente abgehen, die suggestiv im Sinne der Raumillusion wirken. Die Geschichte der Landschaftsmalerei zeigt besonders in ihren früheren Perioden, bis ins 17. Jahrhunert hinein, welches diese Elemente sind: kulissenartig vortretende Felsen, Bäume oder Gebäude, steinerne oder hölzerne Gegenstände, Treppen, Zäune, deren Kanten nach irgend einem Fluchtpunkt konvergieren, Wege, die in der Entfernung immer schmaler werden, Figuren, die sich in der Größe nach dem Hintergrunde zu abstufen, Berge, die staffelförmig voreinander treten usw. Es kann zwar vorkommen, daß sich alles das in der Natur genau so findet, so daß der Zeichner es nur zu kopieren braucht. In der Regel wird aber nicht alles so vorhanden sein, wie es für die Erzeugung der Tiefenillusion am vorteilhaftesten ist. Dann ist der Maler gezwungen, die Natur im Hinblick hierauf nicht nur auszuwählen, sondern auch zu verändern.

Damit hängt natürlich auch die Umgrenzung der Gegenstände im Raume zusammen. Angenommen selbst, ein Naturausschnitt böte die angedeuteten Bedingungen vollständig dar, so wäre doch die Art seiner Umgrenzung von größter Wichtigkeit für die künstlerische Wirkung. Ob mehr von rechts oder von links, ob mehr von oben oder unten zum Bilde hinzugenommen wird, ist durchaus nicht gleichgültig. Daß das eine Motiv sich mehr für Hoch-, das andere mehr für Breitformat eignet, weiß jeder Landschaftsmaler. Schon das Suchen und Umgrenzen der Motive (mit dem sogenannten Motivsucher) ist eine künstlerische Arbeit, die eifrig geübt werden sollte.

Ganz besonders wichtig in der Landschafts- wie in der Figurenmalerei ist die Überschneidung. Sie ist das einfachste und nächstliegende Mittel, das Vor- und Zurücktreten der Gegenstände auszudrücken. Die Art, wie die dunkle Silhouette eines Baumes in einen hellen Mittelgrund oder Hintergrund hineinschneidet, kann unter Umständen für die ganze künstlerische Wirkung ausschlaggebend sein. Die besten Motive sind die, welche ganz natürlich wirken und dabei doch so eindrucksvoll sind, wie man es bei Naturmotiven in der Regel nicht findet.

Hierbei spielt auch der Kontrast eine große Rolle. Jede Form wird dadurch eindrucksvoller, daß sie in Gegensatz zu einer anderen benachbarten Form tritt. Senkrecht aufschießende Pappeln im Vordergrunde stehen äußerst günstig zu einer weiten Ebene im Hintergrunde, flache Wiesen im Vordergrunde werden gehoben durch den Kontrast einer senkrechten Bergwand, die in der Ferne aufragt. Kontrastierende Beleuchtungen dienen besonders dazu, die Raumschichten einer Komposition als vor- oder hintereinander befindlich zu charakterisieren. Rembrandt hat damit die stärksten räumlichen Wirkungen hervorgebracht. Dunkle Baumstämme, durch die man auf eine hell besonnte Waldlichtung blickt, oder glühendes Abendrot, das durch die Zweige eines dunklen Baumes bricht, das sind hervorragend malerische Motive. Daß auch die Farben eine raumbildende Kraft haben, daß es vorspringende und zurücktretende Farben gibt, ist bekannt.

In allen diesen Dingen kann der Maler sich nicht mit der einfachen Nachahmung der Natur begnügen. Der Wirklichkeit gegenüber fassen wir viele hintereinander befindliche Dinge infolge der Möglichkeit unserer Eigenbewegung ganz richtig als hintereinander befindlich auf, bei der Übertragung auf die Fläche würden wir ihr räumliches Verhältnis eben wegen ihrer Flächenhaftigkeit oft nicht verstehen. Die Natur wirkt auch infolge ihrer realen Erscheinung, infolge aller praktischen Interessen, die uns mit ihr verbinden, sehr viel lebhafter auf unser Gefühl als irgend ein künstlerisches Scheinbild. Dieses Manko muß die Kunst durch Steigerungen und Akzentuierugen der gedachten Art auszugleichen suchen. Sonst wirken ihre Schöpfungen flau und uninteressant.

Ein Schüler wird ja freilich nicht in die Lage kommen, freie Kompositionen zu schaffen, in denen alle diese höheren Regeln der Komposition Anwendung finden. Aber ein Gefühl dafür, was in der Natur darstellbar ist, und wie man die Natur verändern muß, um mit ihr künstlerisch zu wirken, sollte er doch haben. Und an guten Kunstwerken fehlt es nicht, die ihm Auskunft darüber geben können, wie sich aus dieser ganzen Auswahl, Umgestaltung und Akzentuierung der Natur dasjenige entwickelt, was wir persönlichen Stil nennen.

Bei der Auswahl aus der Natur wird die Liebhaberphotographie nützliche Dienste leisten, da man nicht alles Malerische, was man sieht, zeichnen kann. Doch muß sie mit Maß angewendet werden, damit sie die Lust am Skizzieren nicht ertötet. Der Schüler muß lernen, daß eine mit individueller Technik dargestellte Natur eben doch etwas anderes ist, als ein mechanischer Abklatsch der Wirklichkeit. Er muß sich gewöhnen, die Natur gleich als Bild zu schauen, sie in Gedanken gleich in eine charaktervolle Technik zu übersetzen.

Bei der Ausbildung dieser Technik ist ein wesentlicher Gesichtspunkt die Vereinfachung der Natur. Die Wirklichkeit enthält zahllose Einzelheiten, die man zwar sieht, aber nicht darstellen kann, schon aus rein materiellen Gründen. Beim Zeichnen handelt es sich immer um Übertragung in einen kleineren Maßstab. Ein Baum, der in Wirklichkeit 50 m hoch ist, wird in einer Zeichnung vielleicht ein Tausendstel dieser Höhe haben. Ein gutes Auge erkennt an dem wirklichen Baum nahezu jedes Blatt. Der Zeichner aber kann auf seiner Fläche vielleicht nur den hundertsten Teil davon wiedergeben, einfach weil der Raum nicht zu mehr reicht. Und reichte er selbst, so würde es keinen Zweck haben, jedes Blatt zu zeichnen, denn durch die übertriebene Detaillierung würde nur die plastische Wirkung zerstört, die auf dem Gegensatz großer Licht- und Schattenflächen beruht.

In der Natur stören uns die vielen Einzelheiten deshalb nicht, weil sie sich räumlich in unserem Bewußtsein ordnen, weil wir — infolge der Möglichkeit der Eigenbewegung — gewissermaßen um sie herumsehen. Auch können wir jederzeit die in einer bestimmten Entfernung von uns befindlichen Gegenstände fixieren, wobei dann die näher oder ferner befindlichen ganz von selbst undeutlich erscheinen, d. h. aus unserem Bewußtsein ausgeschaltet oder wenigstens zurückgedrängt werden. Auf der Fläche des Bildes dagegen wirkt, da ihre Punkte alle gleich weit von unserem Auge entfernt sind, alles, was gleich sorgfältig ausgeführt ist, auch in gleicher Stärke. Daraus entsteht ein Gefühl der Unruhe, dessen störende Wirkung man besonders bei der Betrachtung von Bildern des 15. Jahrhunderts sehr gut an sich beobachten kann. Die Kunstgeschichte zeigt, wie die Malerei diese Stufe nur langsam überwunden hat, wie man erst allmählich zu der Vereinfachung und Konzentration fortgeschritten ist, die allein eine starke Wirkung verbürgt. Ein guter Zeichenunterricht sollte den Schüler gleich zu dieser Stufe führen. Denn es ist billig, daß man von den Erfahrungen früherer Generationen Nutzen zieht. Der gewöhnliche Fehler von Dilettanten besteht darin, daß sie zuviel darstellen wollen, daß sie sich in der Wiedergabe der Einzelheiten nicht genugtun können. Man kann ihnen nicht früh genug klarmachen, daß die Unterdrückung zahlloser Einzelheiten und die Zusammenfassung der übrigen zu größeren Massen mit einheitlichen Licht- und Schattenflächen eine Hauptbedingung der künstlerischen Wirkung ist. Die Schwierigkeit, welche viele Schüler mit dem „Baumschlag" haben, ist eine Folge unrichtiger Unterweisung in bezug auf die Vereinfachung der Natur. Es handelt sich dabei nicht um die Gewöhnung an irgend eine äußerliche Routine — das Schlimmste, was einem Schüler begegnen kann —, sondern um das Verständnis eines Prinzips, das auf dem Gesetz der Vereinfachung beruht und, individuell aufgefaßt, zu ganz verschiedenen Darstellungsweisen führen muß.

Auch bei der Farbe handelt es sich keineswegs um eine einfache Kopie der Natur. Schon die persönliche Vorliebe des Künstlers für bestimmte Farben oder Farbenkombinationen führt zu Abweichungen von der Wirklichkeit, zu einer Auswahl aus dem empirisch Gegebenen, die für den persönlichen Stil des Kunstwerkes keineswegs gleichgültig ist. Aber auch abgesehen davon werden die Farben der Natur selbst bei scheinbar getreuen Naturkopien sehr oft verändert. Diese Veränderung kann in zwei Richtungen erfolgen: erstens in der Richtung einer Steigerung der Gegensätze, durch die wie überall die Wirkung der Töne eine kräftigere wird; oder in der Richtung einer Abschwächung der Gegensätze, durch die der flächenhafte dekorative Charakter des Bildes eine besondere Betonung findet. Beide Arten haben in der Kunstgeschichte Anwendung gefunden, beide sind berechtigt und an ihrem Ort mit Erfolg anzuwenden. Die großen Koloristen der Malerei (Tizian, Boecklin) bieten zahlreiche Beispiele dafür, daß durch Nebeneinanderstellen komplementärer oder nahezu komplementärer Farben die Wirkung der einzelnen Töne verstärkt wird, und die bedeutendsten realistischen Tonmaler der Gegenwart (Whistler, Uhde usw.) haben durch die Tat bewiesen, daß eine Annäherung und Ausgleichung der Töne da, wo es auf die Wiedergabe von Licht und Luft und auf die Erzeugung einer gleichmäßigen ruhigen Stimmung ankommt, unter Umständen sehr wirksam sein kann. In beiden Fällen handelt es sich um eine bewußte Abwandlung der Natur, um die Erzeugung einer Illusion mit Mitteln, die auf eine Abweichung von der Natur hinauslaufen. Bei der Schwarzweiß-Zeichnung, die auf die Farbe verzichtet, sind wieder andere Umgestaltungen der Natur notwendig, um die stoffliche Wirkung zu erreichen, die sonst wesentlich durch die Farbe erreicht wird.

Die weichen Umrisse malerisch behandelter Bilder, die man besonders bei den Schotten und der Dachauer Künstlergruppe beobachten kann, erklären sich ebenfalls aus den technischen Bedingungen der Malerei. Ein scharfer und harter Umriß bietet der Phantasie weniger Spielraum, als ein weicher, verschwommener. Da wir in der Natur mit unseren beiden Augen um die Gegenstände herumsehen (besonders wenn sie sich in unserer Nähe befinden), so muß man auf der gemalten Fläche, wo die Zweiäugigkeit des Sehens kein plastisches Sehen zur Folge hat, den scharfen Umriß vermeiden, um der Phantasie des Beschauers einen gewissen Spielraum für die plastische Auffassung der Körper zu lassen.

Auch an dem Bewegungsproblem kann man die besonderen Aufgaben der Kunst gegenüber der Natur deutlich erkennen. Da die Werke der Malerei und Zeichnung unbewegt sind, können bewegte Dinge in diesen Künsten nur dann dargestellt werden, wenn bestimmte Mittel zur Anwendung kommen, um über den Mangel der Bewegung hinwegzutäuschen. Das geschieht in erster Linie durch die Wahl des ,,fruchtbarsten Moments", d. h. desjenigen Stadiums einer Bewegung, das die Phantasie am meisten anregt, dem Beschauer den Verlauf der ganzen Bewegung am besten suggeriert. Wenn man die von der Momentphotographie fixierten Stadien einer Bewegung, z. B. eines Pferdegalopps, miteinander vergleicht, so überzeugt man sich sofort, daß nur sehr wenige von ihnen illusionskräftig im künstlerischen Sinne sind. Die Malerei kann also auch hier durchaus nicht alles brauchen, was in der Natur vorhanden lst, sondern muß eine Auswahl treffen, durch welche sie der Bewegungsiosigkeit ihrer Darstellungsmittel entgegenarbeitet.

Zur überzeugenden Darstellung der Bewegung gehört wiederum die Auflösung der Umrisse. Ein fester harter Umriß, wie ihn Dilettanten meistens zeichnen, läßt die Dinge an der Fläche kleben, macht sie nicht nur unplastisch, sondern auch unbewegt. Ein leichter, schwebender, unsicherer Umriß dagegen löst sie von der Fläche los, gibt ihnen Rundung und Bewegung.

Jede Kunst ist endlich Akzentuierung. Es kommt nicht darauf an, in einem Kunstwerk zu zeigen, was in der Natur vorhanden ist, sondern den Beschauer auf das aufmerksam zu machen, was einem selbst Interesse eingeflößt und Eindruck gemacht hat. Zur statistischen Feststellung des Tatsächlichen genügt die Photographie. Sie gibt alles, was die Natur enthält und was die Lichtstrahlen überhaupt auf die Platte bringen. Sie gibt es wahllos und planlos, mit Dreck und Speck wieder. Deshalb wirken die meisten Photographien unkünstlerisch, d. h. unruhig und verworren. Der Künstler dagegen will dem Beschauer das Wichtige und Interessante der Natur zeigen. Natürlich das ihm Wichtige und Interessante. Denn über seinen eigenen Schatten kann niemand springen. Der Künstler will eben den Beschauer dazu bringen, daß er das, was er für wichtig und interessant hält, auch mit besonderem Interesse anschaut. Zu diesem Zwecke konzentriert er seine Aufmerksamkeit gerade auf den betreffenden Gegenstand, auf die betreffende Seite der Natur. Das geschieht durch die Art der Komposition, die Wahl der Beleuchtung und die Verschiedenheit der Durchführung. So wird er z. B. die Hauptsache nicht nahe dem Rande des Bildes anbringen, wenn es auch nicht notwendig ist, genau die Mitte zu wählen. So wird er etwa das Licht auf den Hauptteil der Komposition konzentrieren (Correggio, Rembrandt) oder die Einzelheiten, die die Aufmerksamkeit von der Hauptsache abziehen könnten, unterdrücken, d. h. ungenau ausführen (Velazquez, Lenbach) usw. Es gibt zahlreiche Mittel, die diesem Zwecke dienen, und manche davon kann schon der Dilettant beim Zeichnen mit Erfolg anwenden.

Angenommen z. B., in einer Landschaft wäre es die plastische Form des hügeligen Terrains, was den Zeichner besonders fesselt. Dann hätte es keinen Zweck, durch zahlreiche damit nicht zusammenhängende Einzelheiten oder durch die Betonung irgend eines Beleuchtungseffektes die Aufmerksamkeit des Beschauers von dieser Hauptsache abzulenken. Oder aber sein Interesse wäre auf eine bestimmte Lichtwirkung gerichtet, z. B. die Art, wie ein von hinten kommendes Streiflicht auf ein Gesicht fällt. Dann würde er sich bemühen, diesen Effekt möglichst klar herauszustellen, alles andere dagegen durch die Art der Behandlung in den Hintergrund drängen. Man kann nicht zweien Herren dienen, das heißt unsere Aufmerksamkeit kann sich nicht mit gleicher Stärke auf zwei oder mehr Eigenschaften der Natur richten. Wenn diese nun erst auf der Fläche nebeneinanderstehen, wie es in der Zeichnung der Fall ist, so daß sie auch gleich stark wirken, wenn außerdem noch die Technik als solche unsere Aufmerksamkeit in Anspruch nimmt, so würde die Wirkung völlig verloren gehen, wenn nicht eine Konzentration angestrebt würde, die den Blick des Beschauers mit suggestiver Kraft auf das richtete, worauf es dem Künstler ankommt.

So sieht man denn, daß eine gute Zeichnung keine sklavische Wiederholung der Natur, sondern vielmehr eine Umsetzung derselben in die Sprache der Kunst ist. So wie es bei der Übersetzung einer Dichtung in eine andere Sprache nicht auf wörtliche Übereinstimmung mit dem Original, sondern auf Reproduktion des geistigen Gehalts ankommt, so ist auch die Übertragung der Natur in die Sprache der Kunst ein freies Übersetzen, bei dem der Künstler das Beste aus sich selbst hinzutun muß. Dieses Beste aber ist die individuelle Auffassung der Natur und die wirksame Ausgleichung der Naturwahrheit mit der Rücksicht auf die materiellen Darstellungsmittel. Das Verhältnis des künstlerischen Individuums zur Natur, das sich aus dieser Ausgleichung ergibt, bezeichnen wir als Stil. Naturalismus und Stil werden gewöhnlich als Gegensätze aufgefaßt. Für die wahre Kunst, die den Spuren der Natur folgt und dabei doch Kunst bleibt, gibt es einen solchen Gegensatz nicht.

II

Das Zeichnen für Kinder

Von

Albert Kull

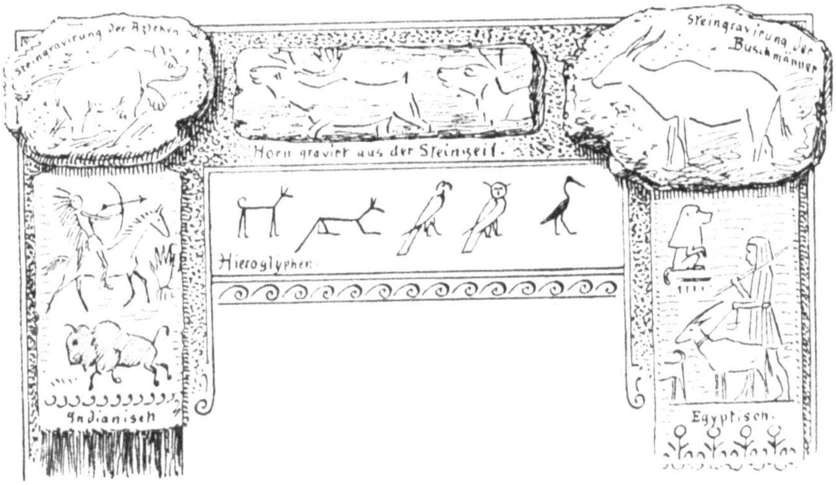

Fig. 1.

Leider wird dem Kinde vielfach das Zeichnen, zu dem es doch meist große Lust verspürt, durch die falsche Behandlung entleidet; für die Weckung und Entwicklung seines elementaren Kunsttriebs ist die prinzipielle Leitung desselben entscheidend. Was kann aber ein Kind mit einem Quadrat, einer stilisierten Blume, einem verschnörkelten Ornament anfangen? Was es etwa beim Nachzeichnen dieser kalten, steifen Formen lernt, nämlich Handfertigkeit und Augenmaß, das lernt es an hundert anderweitigen Übungen weit besser. Der Unterricht muß seiner Einbildungskraft und seinem Gestaltungstriebe freien Spielraum gewähren, statt denselben einen Riegel vorzuschieben!

Was ist es nun, das des Kindes Phantasie am meisten anregt und es zu Darstellungsversuchen reizt? Nicht tote, sondern lebende Gegenstände, vor allem Tiere, oder doch solche, wie Puppen u. a., die es sich lebend denkt. Behufs Ausführung seiner Ideen müssen ihm jedoch Fingerzeige gegeben werden.

Diese Anregungen sollten der uns in der ältesten Völkerzeichengeschichte gegebenen Spur folgen. Lust zur Verzierung erweckte bei den ältesten Stämmen der Anblick z. B. einer ins Haar gefallenen Blüte. Die vom Blütenstaub oder Pflanzensaft entstandene Färbung des nackten Körpers leitete zur Verzierung der Haut, zur Tätowierung, der zufällig, beim Formen von Gefäßen, entstandene Nageleindruck zum ersten Ornament: durch das Aneinanderreihen solcher Abdrücke in verschiedenen Stellungen z. B.)( )(usw.

Geometrische Figuren entstanden erst durch den Anblick von Flechtarbeiten; auf ähnliche Anfänge mögen auch die Schriftzeichen zurückzuführen sein.

In ähnlicher Weise sollte die fruchtbare Kinderphantasie angeregt werden. Mit naiven Zeichnungen wird das Kind in die Anfänge des Flächenzeichnens eingeführt, und zwar mittels einer reichlichen Auswahl von Vorübungen, die ihm nebenbei den praktischen Wert der Striche, Punkte und Figuren klar macht. Wünscht es etwas zu zeichnen, so entwirft man ihm die gewünschte Figur in kräftigen, scharfen Strichen und erklärt ihm dieselbe, z. B. Körper, Kopf, Füße, Ohren, oder Tischplatte,

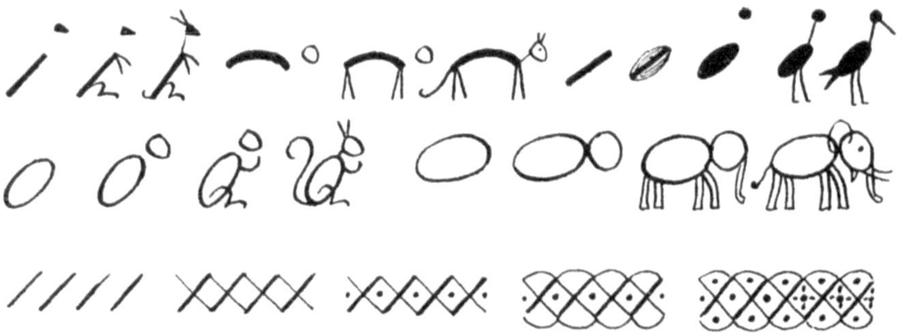

Erklärung der Methode (Fig. 2—25).

Füße, Schubladenknopf usw. Dann mag es selbst zum Stifte greifen, indem man seinem Unvermögen durch Führen der Hand zu Hilfe kommt. So lernt das Kind einen angeschauten Gegenstand unterscheiden nach der Seite des Wesentlichen und des Unwesentlichen, des Großen und Kleinen, des Dicken und Dünnen, des Kurzen und Langen, mit einem Wort: es lernt das Charakterbild eines Gegenstandes richtig beobachten.

Man vergleiche hierzu die Textillustrationen S. 24—32 und beachte die nachstehenden Fingerzeige!

1. Das Einfachste ist jedenfalls der einfache, kräftige, kurze, gerade Strich; am leichtesten von schräg links nach rechts aufwärts, am schwersten von schräg links nach rechts abwärts, oder wagrecht.
2. Der leichtere, aber weniger bestimmte kurze, dicke, gebogene Strich ist erst anzuwenden, wenn das Kind schon etwas Sicherheit erlangt hat.

3. Den Strich mit körperbildender Umhüllung führe es zuerst in gerader Richtung aus und verdicke denselben erst nachher, dadurch gewinnt es eine klarere Anschauung von Form und Körper; auch bietet sich ihm durch regelmäßige Wiederholung und verbindende Beistriche Gelegenheit zu den mannigfaltigsten Verzierungen.
4. Das Oval und der kleine Kreis, welche den Körpern bereits Schwung verleihen und deren Plastik zur Wirkung verhelfen, sind verhältnismäßig leicht auszuführen, besonders schräg aufwärts und senkrecht, schwieriger dagegen in wagrechter Richtung. Dabei achte man darauf, daß immer zuerst das körperbildende Oval, dann erst der den Kopf bildende Ring gezogen werde.
5. Die Birnen-, Bohnen- oder Wurstform ist etwas schwerer, bietet aber viel Abwechslung.

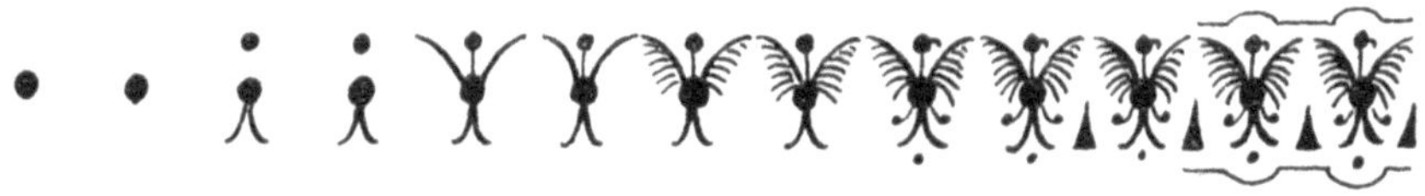

Erklärung der Methode (Fig. 26).

Körperbildende Parallelstriche fallen dem Kinde nicht leicht, geben jedoch eine vorzügliche Übung ab. Man lasse es stets, wie die Vorlage angibt, die dicken, Körper und Kopf markierenden Striche zuerst machen, dann erst die die Glieder darstellenden und verbindenden Ergänzungslinien. Auch empfiehlt es sich, die Größe der Vorlage nicht überschreiten zu lassen, da dem Kinde größere Verhältnisse zu schwer fallen.

6. Für größere Darstellungen eignet sich trefflich das Zeichnen im Quadrat (Tafel I und II). Das Kind lernt dadurch leichter, die richtigen Verhältnisse zu finden und den fortlaufenden Figuren eine bestimmte Einteilung zu geben.
7. Nach diesen Quadratübungen wird das Kind leichter imstande sein, größere Figuren im richtigen Verhältnis zu entwerfen und freier zu verfahren.
8. Schließlich wird es versuchen, die entworfenen Einzelfiguren zu Gruppen zu vereinigen, was sich am füglichsten mittels der Ovalformen bewerkstelligen läßt. Ja, es wird fortan dem Kinde nicht schwer fallen, nach ausgeführten Originalen (Holzschnitten usw.)

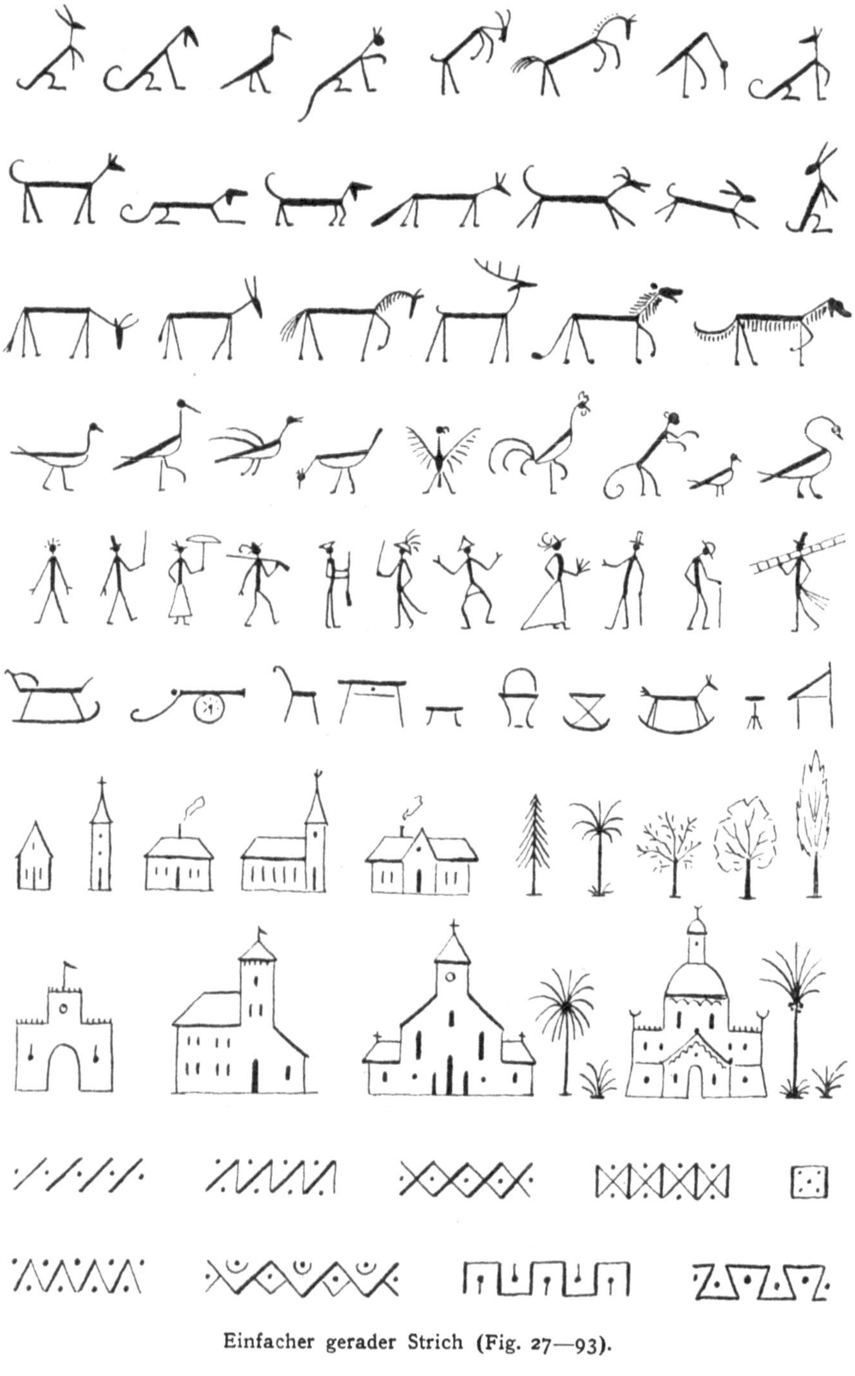

Einfacher gerader Strich (Fig. 27—93).

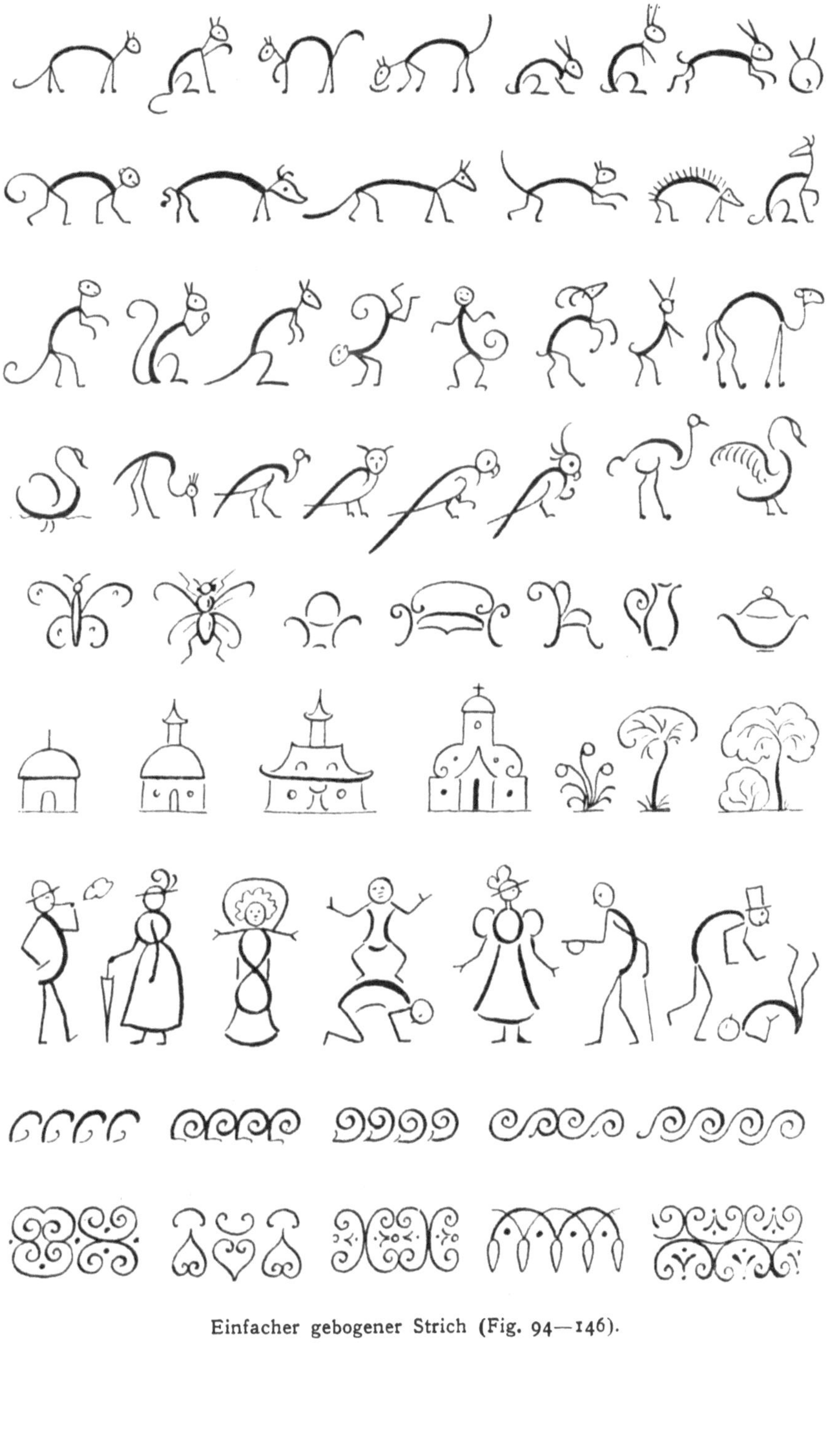

Einfacher gebogener Strich (Fig. 94—146).

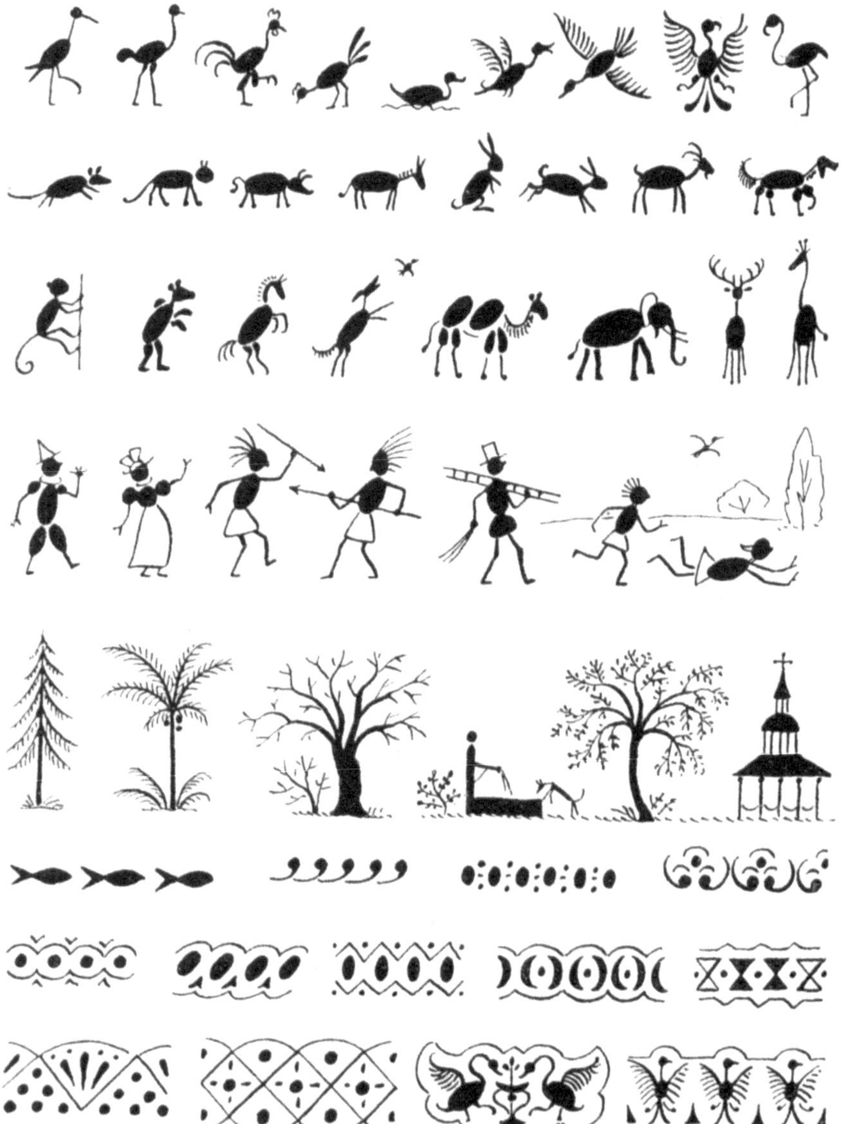

Striche mit Körper (Fig. 147—199).

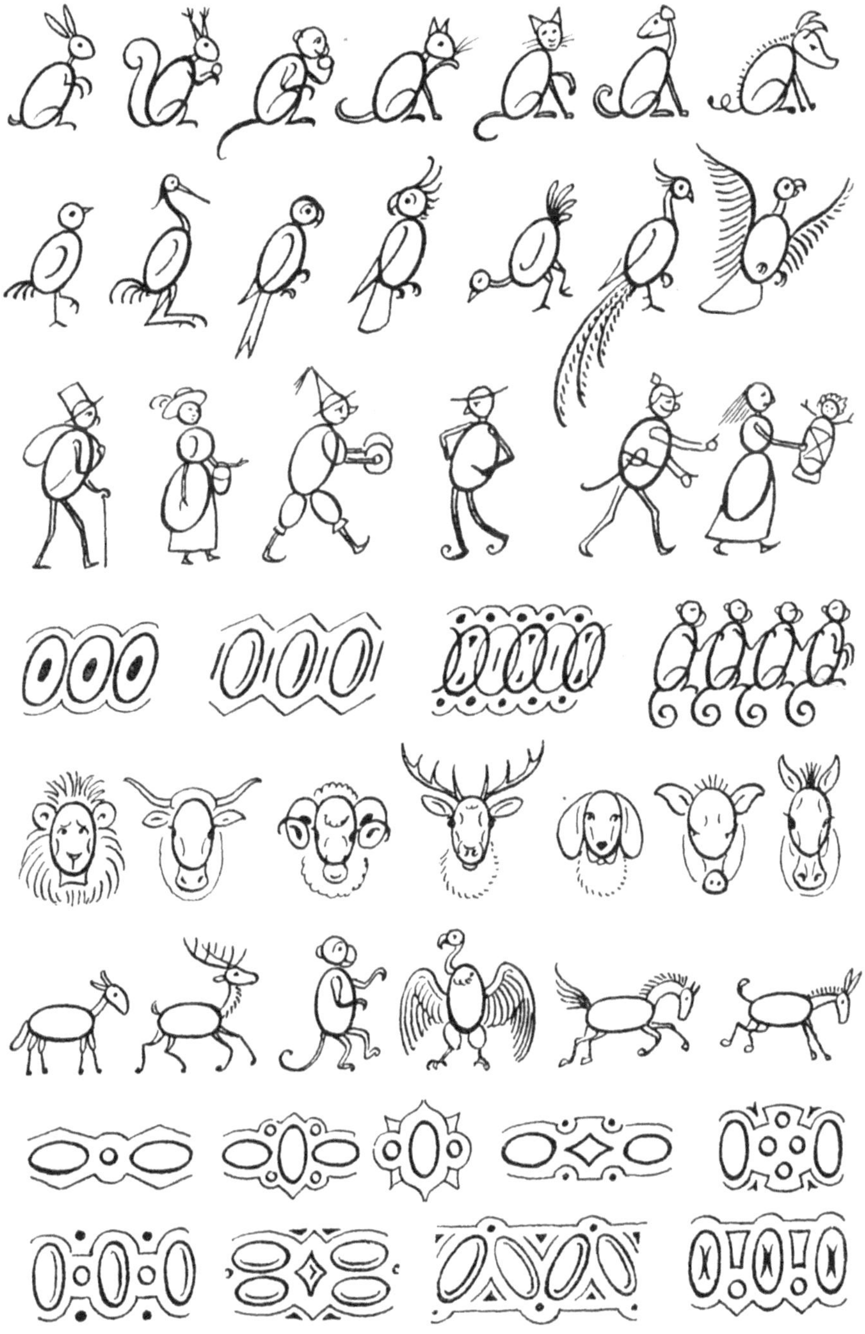

Ovale und kleine Kreise (Fig. 200—245).

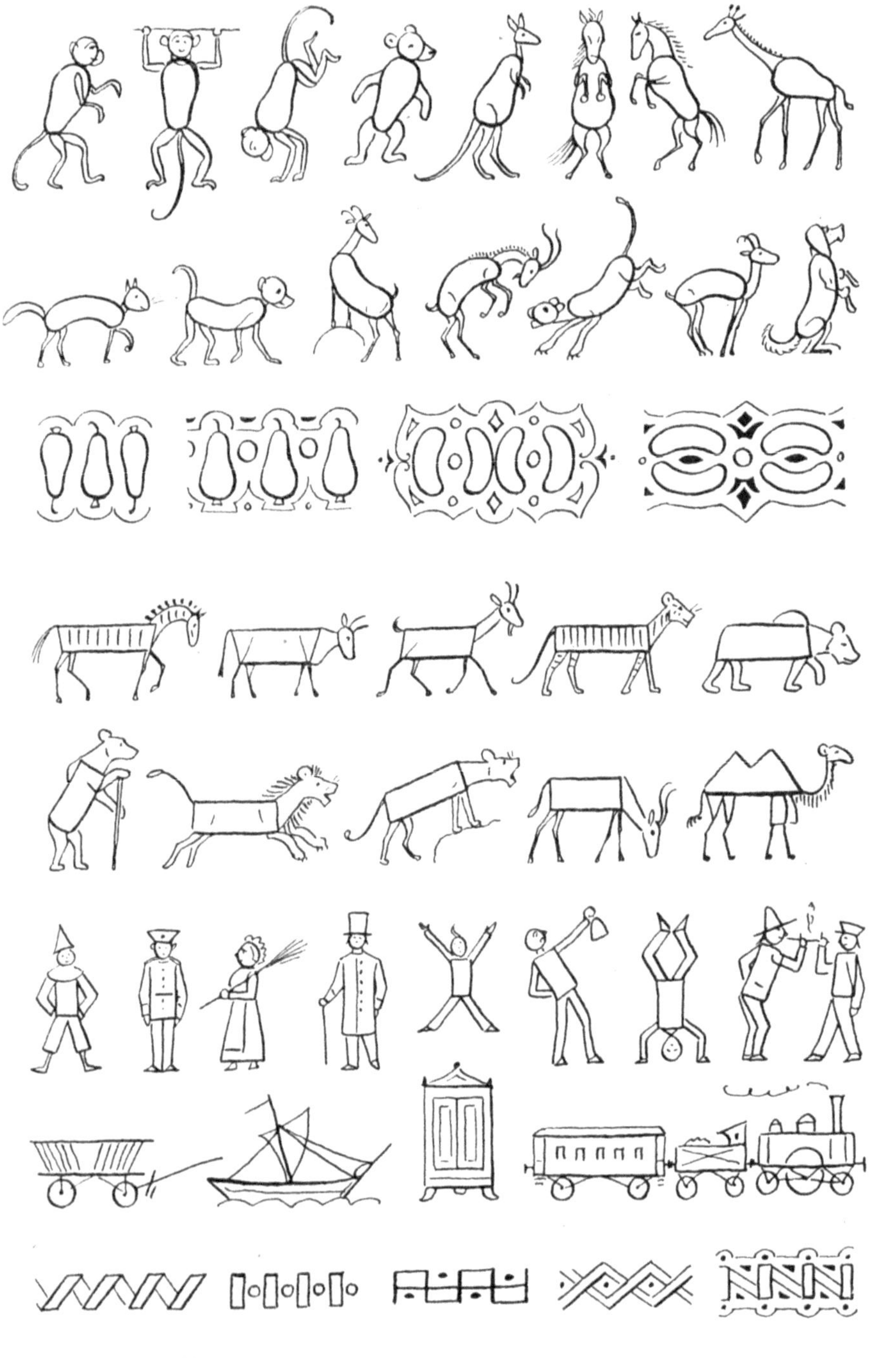

Birnen-, Bohnen- und Wurstform (Fig. 246—264).
Körperbildende Parallelstriche (Fig. 265—291).

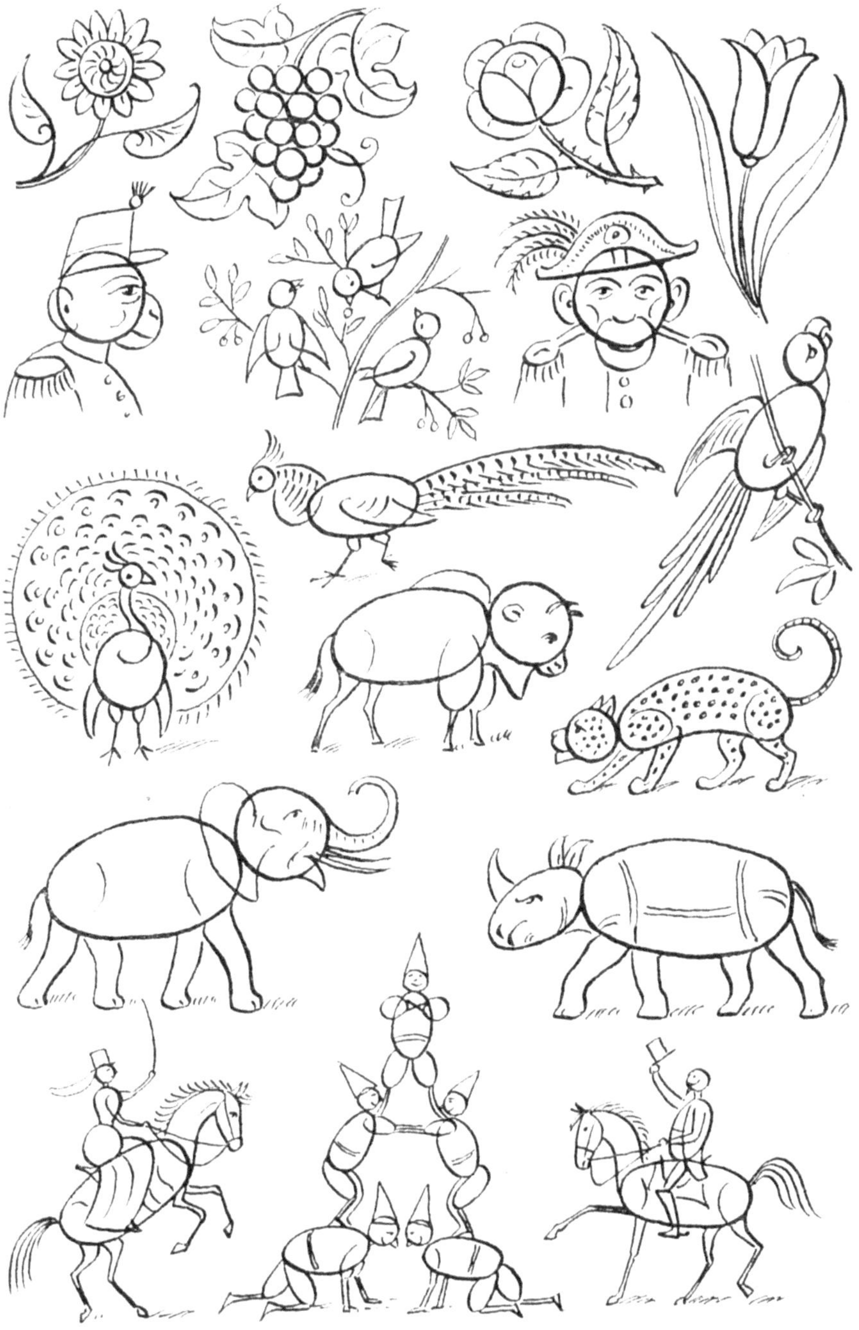

Freie Übungen (Fig. 320—336).

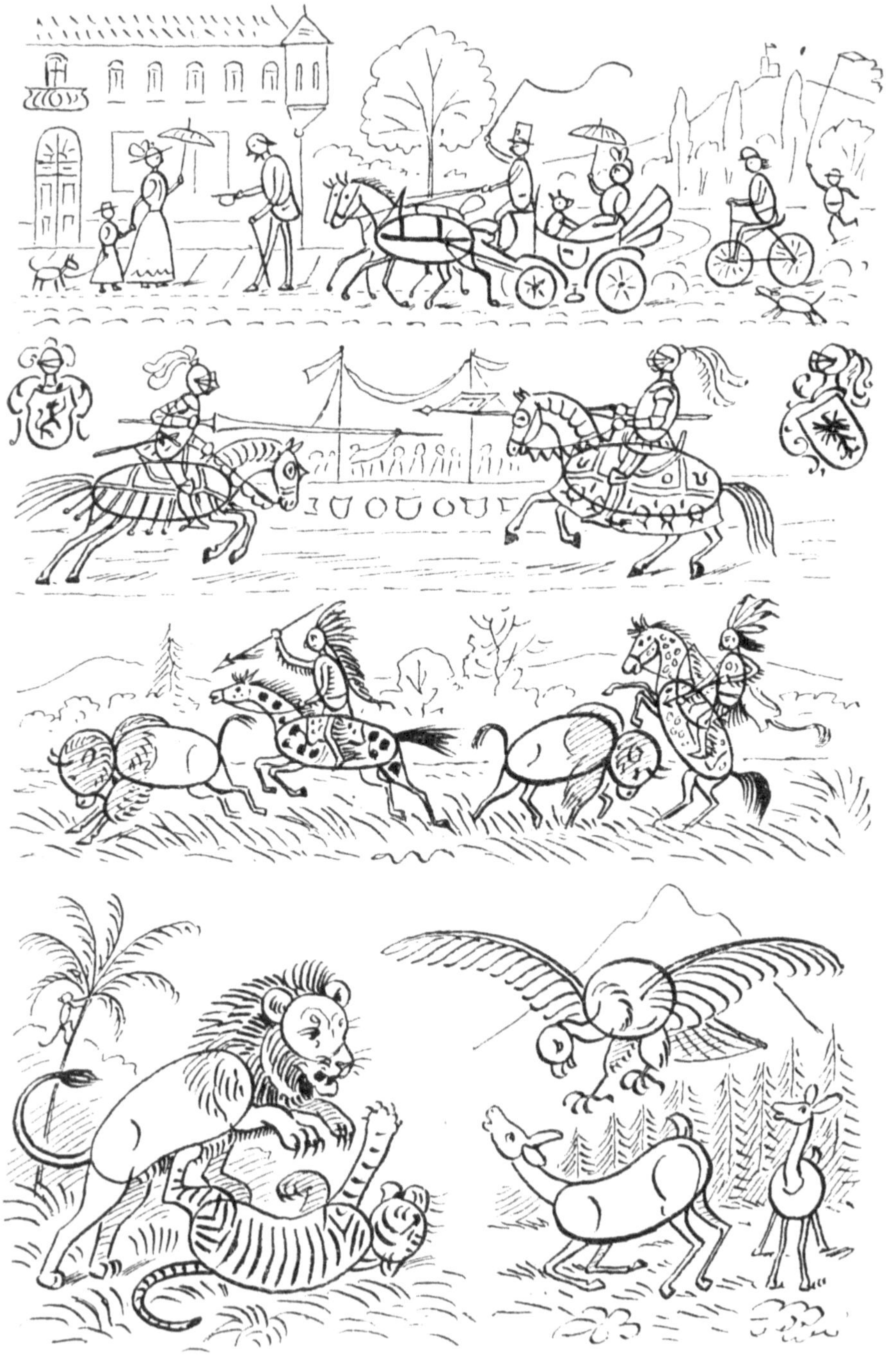

Kompositionen (Fig. 337—341).

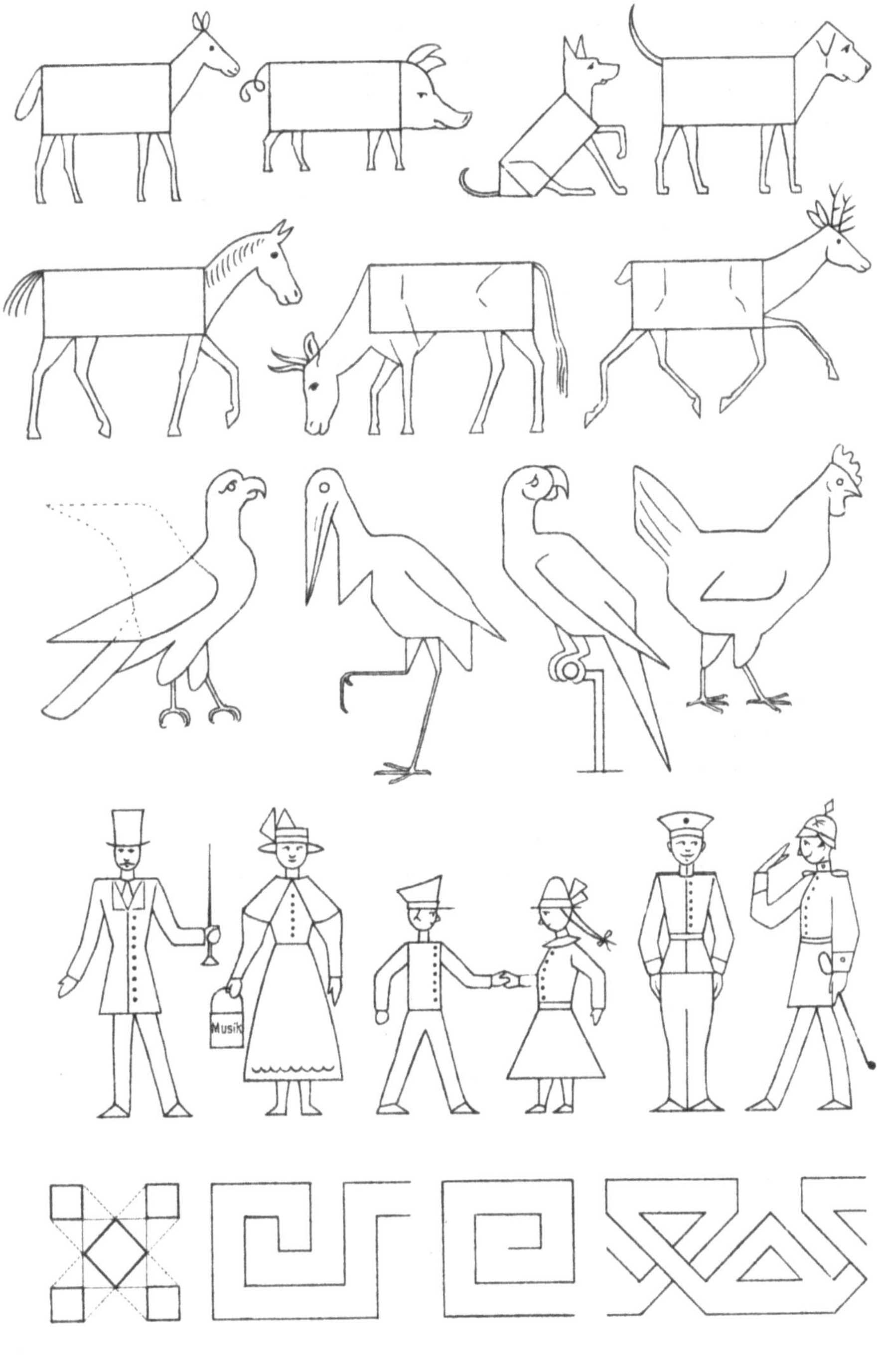

A. Kull: Zeichnen im Quadrat.
Fig. 292—311.)

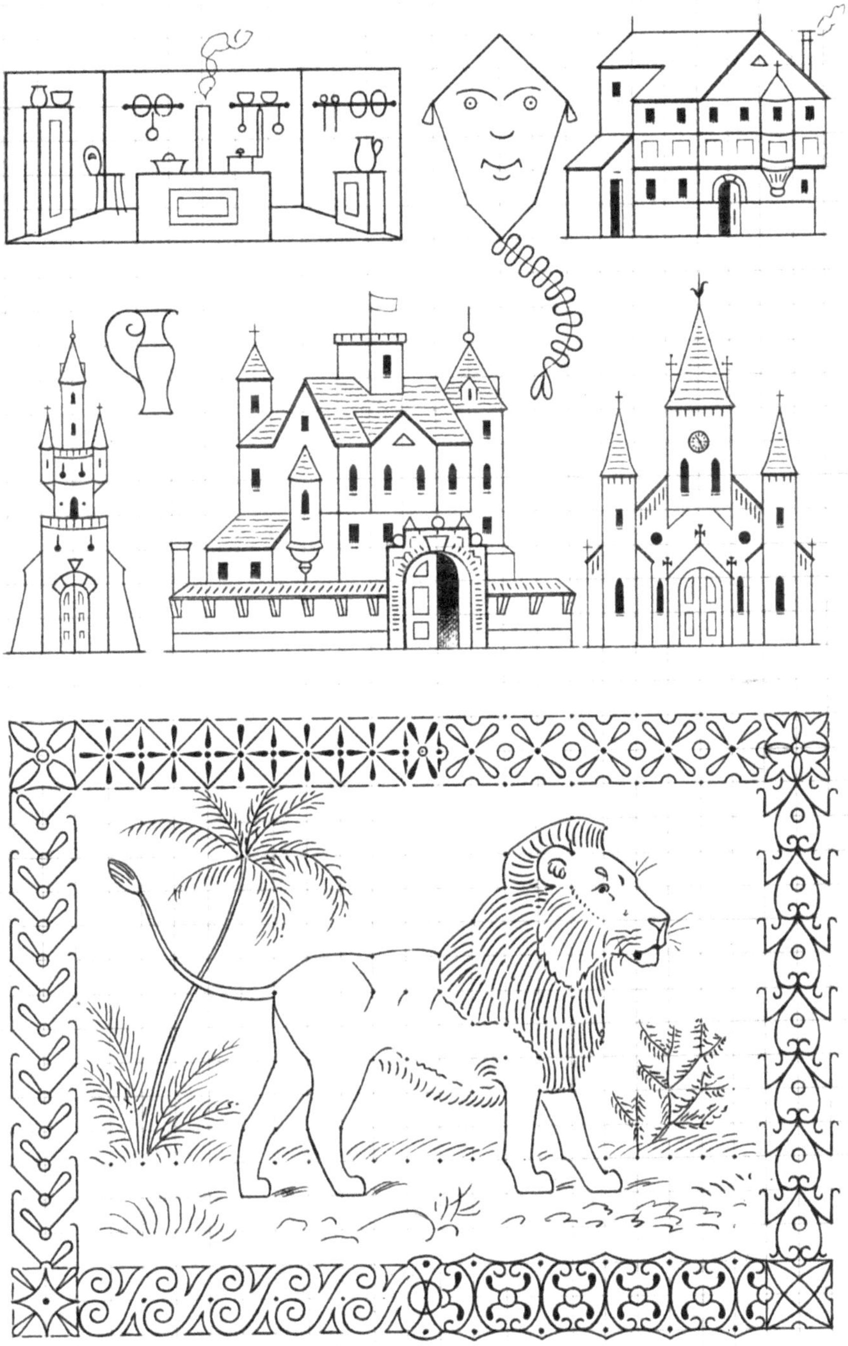

A. Kull: Zeichnen im Quadrat.

(Fig. 312—319.)

Verlag der G. J. Göschen'schen Verlagshandlung in Leipzig

Geschichte der Malerei
von Dr. Richard Muther. 5 Bände.

Stilkunde
von Karl Otto Hartmann. Mit 7 Vollbildern und 195 Textillustr.

Die Baukunst des Abendlandes
von Dr. Karl Schäfer. Mit 22 Abbildungen.

Die Plastik des Abendlandes
von Dr. Hans Stegmann. Mit 23 Tafeln.

Die Plastik seit Beginn des 19. Jahrhunderts
von A. Heilmeyer. Mit 41 Vollbildern auf amerikanisch. Kunstdruckpapier.

Die graphischen Künste
von Carl Kampmann. Mit zahlreichen Abbildungen u. Beilagen.

Zeichenschule
von Karl Kimmich. Mit 17 Tafeln in Ton-, Farben- und Golddruck und 135 Voll- und Textbildern.

Die Photographie
von Heinrich Keßler. Mit 3 Tafeln und 52 Textillustrationen.

Der menschliche Körper
von E. Rebmann. Mit 47 Abbildungen und 1 Tafel.

Tierkunde
von Dr. Franz von Wagner. Mit 78 Abbildungen.

Die Pflanze,
ihr Bau und ihr Leben. Von Oberlehrer Dr. E. Dennert. Mit 96 Abbildungen.

Mineralogie
von Dr. R. Brauns. Mit 130 Abb.

Geologie
von Professor Dr. Eberh. Fraas. Mit 16 Abbildungen und 4 Tafeln mit 51 Figuren.

Paläontologie
von Dr. Rud. Hoernes. Mit 87 Abbildungen.

Petrographie
von Dr. W. Bruhns. Mit 15 Abb.

Kristallographie
von Dr. W. Bruhns. Mit 190 Abb.

Burgenkunde
von Dr. O. Piper. Mit zahlreichen Abbildungen.

Geometrisches Zeichnen
von H. Becker. Mit 290 Figuren und 23 Tafeln im Text.

Perspektive
von Hans Freyberger. Mit 88 Figuren.

Parallelperspektive
von Professor J. Vonderlinn. Mit 121 Figuren.

Schattenkonstruktionen
von Professor J. Vonderlinn. Mit 114 Figuren.

Preis eines jeden in Leinwand gebundenen Bändchens 80 Pfennig

FSC
www.fsc.org
MIX
Papier | Fördert gute Waldnutzung
FSC® C083411

Kolibri 360 GmbH
Ferdinand-Jühlke-Straße 7
99095 Erfurt, Deutschland
produktsicherheit@kolibri360.de